U0380733

画说稻子

画说稻子

【日】山本隆一●编文　　【日】本久仁子●绘画

大米，是健康之源。水田里充沛的水源，
加上充足的日照，让水稻得以茁壮成长，
积蓄满满的能量，结出饱满的果实。
是的，水稻的果实
就是那沉甸甸稻穗上的稻谷。
稻谷又变成饱含我们身体所需能量的大米。
吃大米，我们就获取了
水稻里储存的能量，才会健康成长。

中国农业出版社

1 稻子家族有这么多兄弟

每天热腾腾的白米饭、春天的寿司饭、秋天的菜饭、生日吃的小红豆饭，稻米自古以来便是日本人最重要的食物，稻米也是亚洲的代表性粮食作物。你知道水稻有多少个品种吗？有两万多种呢！

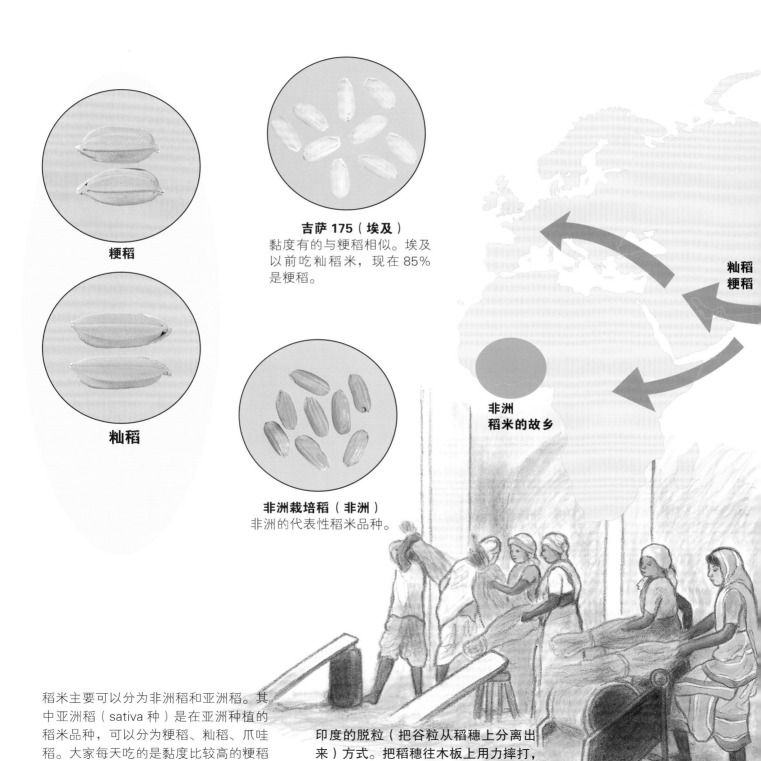

粳稻

籼稻

吉萨 175（埃及）
黏度有的与粳稻相似。埃及以前吃籼稻米，现在 85%是粳稻。

非洲栽培稻（非洲）
非洲的代表性稻米品种。

籼稻
粳稻

非洲
稻米的故乡

稻米主要可以分为非洲稻和亚洲稻。其中亚洲稻（sativa 种）是在亚洲种植的稻米品种，可以分为粳稻、籼稻、爪哇稻。大家每天吃的是黏度比较高的粳稻米。而籼稻米黏性小、形状细长。

印度的脱粒（把谷粒从稻穗上分离出来）方式。把稻穗往木板上用力摔打，或者使用旋转式的脱粒工具处理。

长香米（中国）
世界上最细长的印度稻米品种（长粒米）。

越光米（日本）
日本引以为豪的美味大米（粳稻），但种植起来不容易。

彩米（日本）
原产北海道，耐低温。味道与日本本州的粳稻一样。

奥羽黏米 349
富含黏性大的淀粉。做年糕用的品种。

在日本栽培的稻米品种一共多达230种。日本的粳稻在黑海、里海沿岸地区也有种植。

亚洲稻的发源地

粳稻

爪哇稻　籼稻

泰国香米（泰国）
蒸煮后有好闻的香味，被命名为茉莉香米出口到世界各地。

鸿 309（红米）（日本）
古老的稻米品种。用于神社等做红米饭时使用。

在泰国，人们用舂米臼来去除稻谷的壳，谷壳随风吹走，剩下的就是糙米。上图是人们正在手工去除附着在糙米上的稻壳和稻皮。

山田锦（日本）
用来做日本酒。米粒中心部分是白色的。

亚洲稻米的故乡有可能在中国南部的云南省、老挝、泰国、缅甸一带广阔的山区。从这些地方向北传播，形成了耐低温的、适应在日本等温带地区生长的粳稻。南下的品种则适应了高温多湿气候和雨季旱季变化，形成籼稻。爪哇稻和籼稻一样都是南下的品种，只不过爪哇稻是种植在热带高原上的。稻子就是这样，既能耐寒，也能在干旱环境下生长。此后又向西传播到意大利、非洲的地中海沿岸地区、马达加斯加以及南美等地。因为这三种稻子都是长期以来适应各自当地气候的产物，有一些已经是完全不同的品种了，即使互相授粉也无法结出稻米。

2 世界上大概一半的人以大米为主食

大米、小麦、玉米被称为世界三大粮食品种。从很久以前开始，人们就以它们为食。说到这三种粮食的栽培历史，小麦是从 9000 多年前开始，而稻子有 6000 多年的历史，玉米也有 5000 多年的历史。90% 以上的大米都种植在亚洲，是亚洲各国人们的主食。所以说，全世界几乎一半的人以大米为主食。那么，为什么亚洲人以大米为主食呢？

1

大米（稻子）原本就是水边生长的作物，喜欢气温较高的地方。而高温多雨的亚洲非常适合稻子的成长。特别是热带地区，一年可以收获两次。

2

气候条件稳定的话，一粒种子能结出 2000 粒米。如果从满足人的生命所需能量来看，1000 平方米的土地种出的甘薯一年能轻松养活 4 个人以上，而同样面积的稻子虽然比不上甘薯，也能满足 3~4 人所需。

3

大米是一种非常方便存储的食物，只要把它晒干，就不会腐烂。因此可以把丰收年份里余下的米储藏起来以备灾荒年的粮食短缺。要是像甘薯那样容易坏掉的话，就不适合保存啦。正因为大米的这个特性，古时候经常是用大米作为俸禄呢。

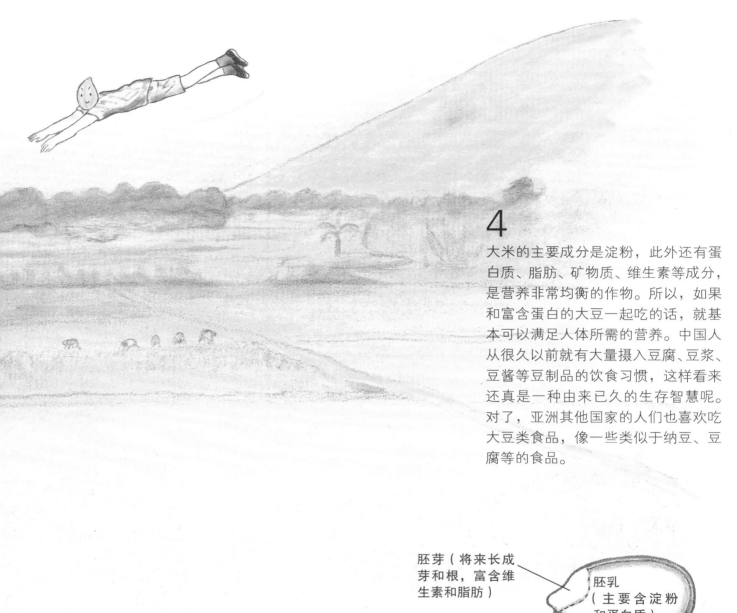

4

大米的主要成分是淀粉，此外还有蛋白质、脂肪、矿物质、维生素等成分，是营养非常均衡的作物。所以，如果和富含蛋白的大豆一起吃的话，就基本可以满足人体所需的营养。中国人从很久以前就有大量摄入豆腐、豆浆、豆酱等豆制品的饮食习惯，这样看来还真是一种由来已久的生存智慧呢。对了，亚洲其他国家的人们也喜欢吃大豆类食品，像一些类似于纳豆、豆腐等的食品。

胚芽（将来长成芽和根，富含维生素和脂肪）

胚乳（主要含淀粉和蛋白质）

大米的剖面图

5

在热带地区，有时河流泛滥会形成洪水，这时水田的水深可以达到1~3米。稻子虽说是喜欢水的作物，但是如果完全被浸在水里，泡几天就会腐烂。不过稻子家族中有一个具有非凡特性的成员，叫做浮稻，即使一天之内水位上涨30厘米，它也可以用几乎差不多的速度迅速长出茎。说起来，其实还有一个在旱田里生长、习性非常耐旱的品种，叫做旱稻。

3 稻子为什么要种在水田里呢？

大家都知道，一般的作物大都是种植在干燥的土层中。而稻子是生长在土表积蓄着水层的水田里，这主要是因为稻子是喜欢水的作物。在稻子的原产地东南亚，它们生长在湿地和沼泽中。

主茎

一株稻子正中间的茎就是主茎（主干），从主茎开始分蘖。每根主茎上基本上有16~17片叶子，而分蘖后的每根茎上有13~15片叶子。

养分 充足的水田水

旱田里的作物一般都需要施肥。而水田中用的河水，在流经山川平原的过程中溶入了许多养分，因此如果对产量没有太高的要求，就基本上不需要施肥。

节 是生叶生根的部位

和竹子一样，稻子的茎秆上也有很多的节。稻子的叶子，根以及分蘖都是从节长出来的。节与节之间的间距越往下越密集的部位就会生出许多根系。

呼吸的秘密

稻子的根系在水中也是能呼吸的，这是因为茎和根的中间有许多透气的缝隙，通过叶子输送氧气。

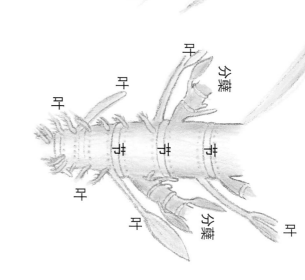

每年都可以 种植

旱田中如果每年都在同一片地种植相同的作物，即使精心培育，也会逐渐出现作物长势不好或者容易得病的情况。那是因为土壤的肥力会渐渐失去平衡，而且作物的致病菌数量也会不断增加。而水田就不同了，溶入养分的水总在不断流动，肥料的含量及均衡都有了保证，病原菌在缺氧气不充足的环境下难以繁殖。所以，每年在同一块水田中种植稻子也是没问题的。

止叶

稻穗

分蘖

很多植物的生长都是靠不断长出新枝，而稻子是从根部不断长出新茎，而使整个植株不断变粗壮的，这种方式就叫"分蘖"。稻苗生长的时候，最初一般从第四片叶子的根部开始分蘖。1株稻子可能分蘖出10株。

4 稻子的花期很短，稍不留神就错过了

你见过稻子开的花吗？稻花有郁金香那样的花瓣吗？还是像蒲公英那样的呢？说到这里小朋友可能要失望啦，其实稻花的样子特别普通。大家见过包裹在大米外面的稻壳吗？黄色的稻壳其实就是稻花上包裹雌蕊和雄蕊的花瓣（颖）。开花的时间也只有短短的 2~3 个小时，只要完成授粉就会马上闭合，稻花可真是一种不事张扬的花呀。

最后开的花是哪个？

稻穗上会开出好多小小的花朵，一根稻穗上会长出约 100 朵。稻穗是从止叶（也就是最后一片叶子）中长出来的。稻穗全部长出来的当天或者第二天就会开花。顺序是从稻穗的顶端开始开，经过 5~10 天花期完全结束。大家可以试着用油性笔在稻壳上标记一下开花的顺序。我们会发现一个不可思议的规律：最后开的那朵花一定是每根稻穗上从上边数的第二朵哦。

止叶……最后长出的叶子，止叶长出之后会出稻穗，而不再长叶子。

开花时间

品种不同，开花的时间并不完全一样，但稻花一般是八月上旬开始在北海道首先开放，盂兰盆节后在九州地区开放。一般是上午九点半左右开花，下午两点左右花瓣闭合。

只要气候条件稳定，稻子的每朵花几乎都会结出果实，是一种非常好养活的作物。但是如果夏季授粉的时节遇上连续低温天气的话，也可能会颗粒无收。

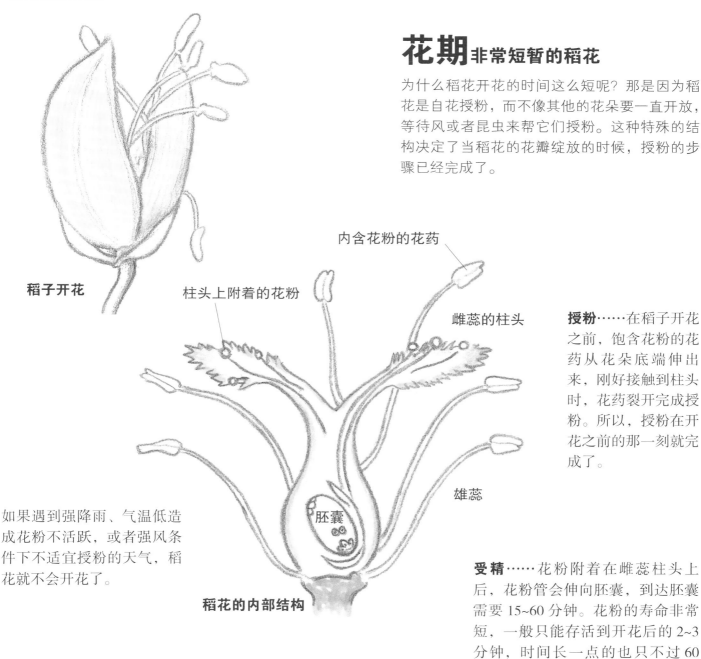

稻子开花

柱头上附着的花粉

内含花粉的花药

雌蕊的柱头

胚囊

雄蕊

稻花的内部结构

花期 非常短暂的稻花

为什么稻花开花的时间这么短呢？那是因为稻花是自花授粉，而不像其他的花朵要一直开放，等待风或者昆虫来帮它们授粉。这种特殊的结构决定了当稻花的花瓣绽放的时候，授粉的步骤已经完成了。

授粉······在稻子开花之前，饱含花粉的花药从花朵底端伸出来，刚好接触到柱头时，花药裂开完成授粉。所以，授粉在开花之前的那一刻就完成了。

如果遇到强降雨、气温低造成花粉不活跃，或者强风条件下不适宜授粉的天气，稻花就不会开花了。

受精······花粉附着在雌蕊柱头上后，花粉管会伸向胚囊，到达胚囊需要 15~60 分钟。花粉的寿命非常短，一般只能存活到开花后的 2~3 分钟，时间长一点的也只不过 60 分钟左右。

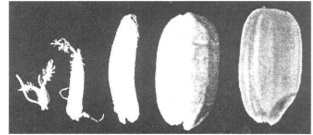

开花当天　3 天　6 天　25 天　45 天

开花 后到果实成熟

受精后，胚芽会慢慢饱满起来，就变成了大米。

5 尝试着自己制作一块小水田吧

种稻米并不一定需要像农民伯伯种的那样一大片水田，有一个好办法，那就是自己动手做一块小水田！但是要注意，因为没有大自然的降水，所以要注意不能断水。我们的水田虽然面积小，但可是真正的水田哦。到了夏天，说不定蜻蜓会飞过来产卵呢。

需要准备的东西

宽 25 厘米以上的板子……4 块
比较宽又有一定厚度的塑料垫布……最好大一点儿，铺下后要能盖住四周围板的边缘。想要几块水田就准备几块塑料垫布。
波形塑料板……每块自制水田配两块（用木板的话会腐烂）。
土……最好用稻田里的土，没有的话也可以用旱田或者山上的土。休耕水田的土也可以用，但里面可能会有很多杂草的种子。而旱田土就不用担心这一点，因为旱田里的杂草泡在水里就会腐烂。自制水田里的土要铺 20 厘米左右厚，按这个标准预备好土。最好在前一年的秋天将稻秆搅拌到土里。

大小

大小可以随意。如果想要够 30 个小朋友每人吃上一碗米饭的话，就需要一块 3.3 米 ×3.3 米大小的水田。

四周的板子立好以后

将塑料垫布从上面铺下去后，轻轻地把土放进去。先把土堆到中间的部分，然后小心地向四周慢慢摊开。动作一定要轻柔缓慢，否则有可能会把塑料布弄破的。

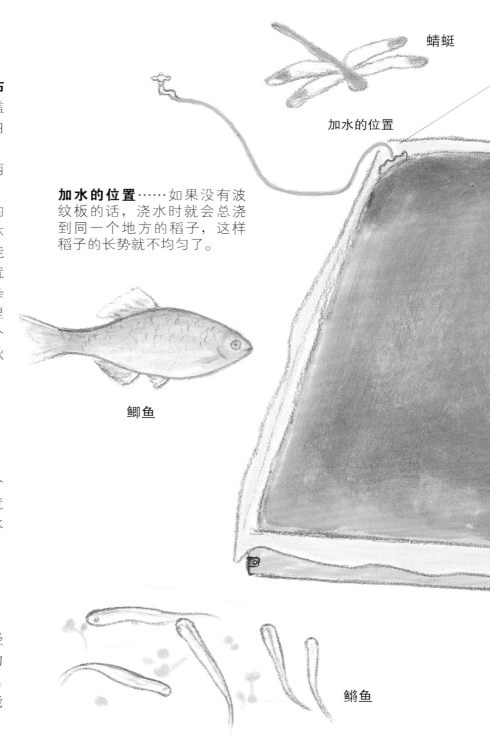

蜻蜓

加水的位置……如果没有波纹板的话，浇水时就会总浇到同一个地方的稻子，这样稻子的长势就不均匀了。

加水的位置

鲫鱼

鳉鱼

可以向自制水田里加些鲫鱼、颌须鮈、鲤鱼、青蛙等。

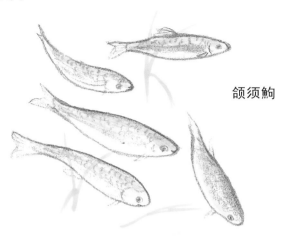

颌须鮈

波形塑料板要比土高出 2~3 厘米

出水的位置……用舀子或者大一点的杯子从波形塑料板围成的三角形部分把水舀出来，而根据"虹吸原理"用软管把水引出来的话会更轻松，具体操作方法向老师请教一下吧。

蜻蜓

土的厚度约 20 厘米

出水部位的图解

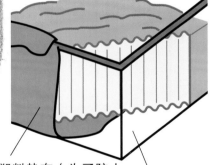

土的厚度和波形塑料板的高度都是 20 厘米

四周围板高 25 厘米以上

从水田的中间加土

塑料垫布（为了防止漏水，实际操作时要用一整块塑料垫布来铺满整个水田底部）

出水的位置在这里

出水口（这里的波形塑料板要和土等高）

青蛙

塑料垫布

把水舀出来

6 栽培日历

**日本各地的代表性
稻米品种**

雪光
晶亮397

一目惚
笹锦
秋田小町

越光
花越前

越光
绢光

日本晴
越光
中生新千本曙

初霜
越光
日本晴

越光
日光
梦光

种子消毒。准备播种时需要的工具、准备水稻育苗箱等环节。……4 月

准备水田。施底肥、浇水、平整土地，再将水田里的土浇透水，第二天就可以开始种植啦。……5 月

普通品种 ●・・・・・・・・・・・ 播种 插秧

早稻品种 ●・・・・・・・・・・・ 播种 插秧

| 1月 | 2月 | 3月 | 4月 | 5月 | 6月 |

尽量不要进入水田，因为这时候如果破坏了稻子的根系，稻子的长势就会受影响。……8月

茎秆的数量开始增长（分蘖期），在东北地区以北的区域，如果气温较低，要多浇水。……7月

台风到来的时候，为了防止稻子倒伏，如果植株达到一定高度，就用细绳把稻子固定一下。……8月

分蘖增多时，以及开始抽穗、开花的阶段，如果水量不足，稻子就会减产。

稻穗下端还有3%~4%的稻壳颜色泛青的时候，就可以收割了。

分蘖结束以后就可以排水晒田。……7月

晾干之后就可以脱壳和碾米了。……9月

锄草

成长期

☆　　收获！

株稻体的茎秆数量增多　抽穗、开花

长出止叶

☆　　收获！

| 7月 | 8月 | 9月 | 10月 | 11月 | 12月 |

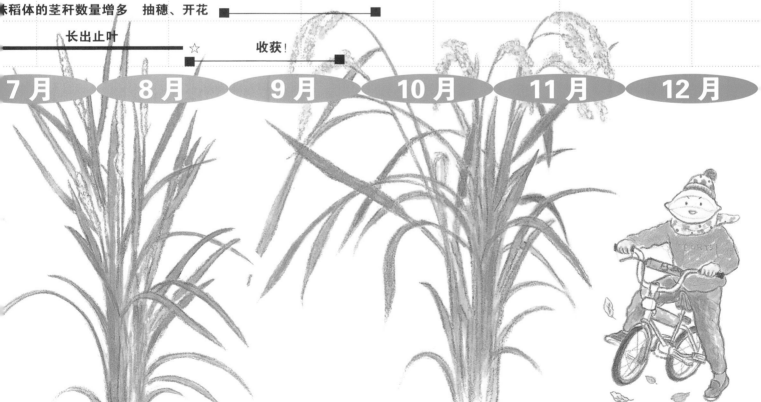

13

7 终于可以插秧啦！

你的自制水田做得怎么样？做好了的话，就可以准备插秧啦。

培育水稻有两种方式，一种是直接在水田里播撒稻种，另一种是先育苗再移植插秧。

农民们通常是采取插秧的方式。

育苗非常麻烦，我们就直接向农户要一些稻苗吧。一般的农户都会有多余的稻苗，所以一定办得到的，顺便也跟他们请教一下插秧的方法吧。

插秧的时间

地表温度达到 13 摄氏度以上的时候，即 5 月黄金周至 6 月上旬的时候比较适合。这个时候插秧的话，水稻在 8 月上旬到中旬左右就能抽穗。

插秧的前一天

向土地表面施一层薄薄的肥，然后浇上水。当土表上方出现积水层的时候，用铁锹把表层 5 厘米左右的土和表层的水均匀搅拌一下，形成泥浆的状态（这一步就叫做"平整土地"）。肥料的用量，如果是山上取来的土，每平方米施 7~8 克的化肥，如果是旱田里的土就不需要加肥料了。

插秧

三棵稻苗插在一处，插入土中的深度要在 2~3 厘米。如果稻苗插得太深，将来分蘖的数量就会减少。稻苗列与列之间距离 30 厘米，株与株之间距离 25 厘米。

到了四月份，不妨尝试一下自己育苗！

稻种的选择

稻种要选择饱满的。准备一杯盐水，浓度恰好能让鸡蛋浮起来就可以，将稻种放进盐水中充分搅拌，沉在杯底的就可以用来育苗。

■关于如何得到稻种，可以向附近的农户咨询一下。

盐

沉到底部的是好稻种

播种前的准备

为了避免稻苗生病，要把种子泡在 52 摄氏度的温水中消毒 10 分钟。之后为了让种子容易发芽，要把种子泡在水里 5~8 天（请看卷末的解说）种子要出芽的部分像鸡胸脯那样隆起时，就可以播种啦。

鸡胸形状的

把种子放进水

如果你的自制水田足够大，大家可以一起进去插秧哦。

拉上细绳，就可以很清楚地知道列与列、苗与苗之间的间距啦。

插秧之后如何浇水

发现水减少的话就要浇水。另外，还要定期排出旧水、换进新水，最好每周一到两次，这样水稻的根系就会很健康，稻子的长势就会很好。浇水的时候最好用一根长管子，这样水就有了经过长管子流到水田的过程，接触稻子的时候就不会很凉，这样有利于稻子的发育。另外，浇水一定要轻缓，否则稻子就会被冲倒。

水的温度

用水桶等容器浇水的时候，一定要先测好水温。稻子是起源于热带的作物，所以温度如果低于19摄氏度就会发蔫。水温低的时候可以先放一放，让阳光把水晒热一点后再浇。

插秧的方法

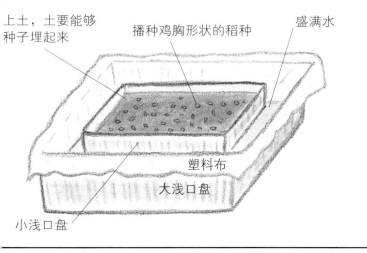

上土，土要能够种子埋起来

播种鸡胸形状的稻种

盛满水

塑料布

大浅口盘

小浅口盘

在**专用育苗箱**中播种

最好在农业协会购买水稻专用的育苗箱和土，没有的话就准备一个底部有排水孔的箱子，在里面铺2~2.5厘米厚的土，然后播下种子。种子和种子之间要有1厘米的间距，而且每天都要浇水。气温如果下降到12摄氏度以下，就在上面盖一个半圆筒形塑料薄膜进行保温。还有一种方法，就是像左边的图片那样用浅口盘来育苗。

8 小看麻雀会绝收！

6月是稻子分蘖的高峰期，同时也特别容易生杂草。如果放任不管，宝贵的肥料就会全部被杂草夺走。所以要趁杂草刚长出来的时候就拔掉。以前徒手除草的时候，因为要长时间弯腰，所以非常辛苦。而现在大家都开始使用除草剂，除草就轻松多了。但是除草剂也是一种农药，有一定的毒性，所以蜻蜓、龙虱、鳉鱼什么的也就没法生活在水田里了。

排水晒田

所谓的排水晒田，指的是7月水田分蘖期结束后，把水田里的水完全排空，让水田接受日晒，晒到土表有小裂缝的程度。这样的话泥土中的微生物就会死亡并且变成肥料，稻子的根系也会得到充分的氧气，有利于水稻的健康成长。这样做还可以避免无效分蘖的发生。把水排净后，将土地晒3~5天。注意不要让土地过于干燥，晒田结束后再浇水时，水深达到2~3厘米以上就可以啦。

灌溉

插秧之后、分蘖结束前及稻子抽穗开花时绝对不能断水。断水的话可就收获不到大米了哦。

追肥

分蘖增多，水稻慢慢变粗壮、叶子变黄的时候就施一些硫酸铵等化肥。不要一下子施加很多，抽穗之前，要根据叶子颜色变化，一点点施加肥料。抽穗以后，就不需要施肥了。施加化肥的量以每平方米2克为宜。

8月份左右是稻花开放的时节，大家也认真观察一下自己的小水田里的水稻吧。

也有很多农户尽量不使用除草剂，而是在水田里放养鲤鱼和野鸭，让它们帮我们除草。

野鸭

稻草人比赛，出征！

稻穗长出来10天左右，稻壳就会包裹着满满的白色汁液。这可是麻雀的最爱，它只要用嘴一啄，就会有美味的汁液流出来。麻雀们也盯着小朋友们的小水田呢。麻雀总来捣乱，农民们也都非常头疼。因此人们会在水田里立稻草人，或者张网来阻止麻雀，但效果都不太理想。你可以和小朋友比一比，看谁做的稻草人最棒。

9 气温 19 摄氏度，稻子的危险信号

稻子抽穗开花是在 8 月份，但是在这之前一个多月，稻茎里就有小稻穗了。7 月是小稻穗的生长期，这时候如果气温只能够达到 15~17 摄氏度的话，就有可能无法产生花粉，这种现象叫做低温冷害。尤其是如果 7 月份吹起凉爽的北风，那么日本关东*以北的稻子可就危险了。气温低时，稻子还容易得一种叫做"稻瘟"的可怕病害。

防寒

气温下降时，农民就会往稻田里加水，让小稻穗泡在水里。水里比较暖和，可以保护小稻穗。也许小朋友会觉得不可思议吧，不过你是不是也有这种经历呢，天冷风大的时候，走出泳池会特别冷，而呆在水里反而比较暖和。

梅雨时节

下大雨的时候，稻子就会完全泡在水里面。如果这样的情况持续 5 天，那么就连离不开水的稻子也会因为浸泡时间过长而腐烂。另外台风到来时，稻子经常会被强风吹倒。如果是抽穗之后发生倒伏的话，那损失可就大了。所以在台风到来之前，应该拿绳子之类的把稻子固定一下（具体的做法参照卷末）。

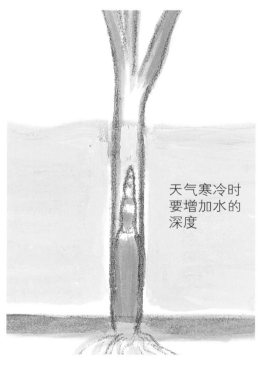

天气寒冷时要增加水的深度

稻子的常见病

除稻瘟之外，还有些病害需要注意，如恶苗病、纹枯病、还有台风过后容易发生的稻白叶枯病等。

左图是穗颈瘟，右图是叶瘟病
水稻一旦得了这种病，严重的话有可能颗粒无收。农民们会在田间仔细观察，一旦发现有稻瘟病，就播洒农药防止扩散。

稻白叶枯病

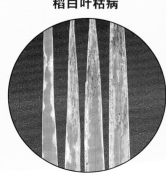

* 日本关东地区：通常指本州以东京、横滨为中心的关东地方，位于日本列岛中央，为政治、经济、文化中心。

祈求丰收的
插秧仪式

每个地方都有多种多样祈祷
丰收的仪式。

破坏稻子的害虫

干尖线虫、稻褐飞虱、白背飞虱、二
化螟等都是稻田里比较多的害虫。

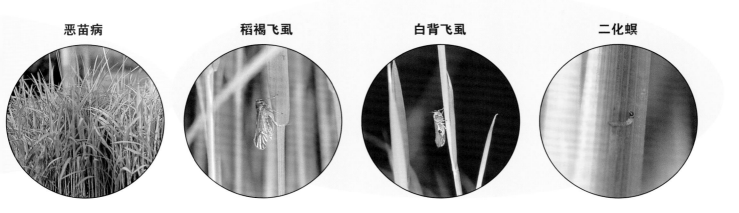

恶苗病　　**稻褐飞虱**　　**白背飞虱**　　**二化螟**

10 稻田金灿灿的时候，就该收割了！

感觉到稻田一片金灿灿的时候，你可以摘 5~10 根稻穗放在手心里，认真观察稻谷的颜色。如果只剩下 5%~10%（100 粒稻米中有 5~10 粒）的部分泛青，那就到了收割的时候啦。

水稻收割

农民一般用镰刀和割捆机、联合收割机等机械收割稻子，而小朋友们的自制小水田可以不用专门的工具，用剪刀、镰刀什么的都可以。

水稻晾晒

稻子收割后还有很多水分，所以要在日光下晒一个星期左右，直到稻秆完全晒干为止。近年来人们都用电来烘干，不过还是阳光下晒出来的大米更香哦。

风比较潮湿的
日本海沿岸

风比较干燥的太平洋沿岸

日本海沿岸和太平洋沿岸的晒稻谷的方法不一样

收割下来的稻谷被捆成大小适中的一捆捆，然后放到原木做的晒稻木上晾晒。日本海沿岸一般是在搭成6~9层左右的晒谷架上晾干，而太平洋沿岸则是把稻子挂在一人多高的木头上，一层一层地缠起来。所以，根据当地的气候，各地采取不同的水稻晾晒方法。

11 脱粒、去壳、精碾

把收割下来的稻子进行脱粒、去壳、精碾之后，才是小朋友平日里看到的大米。不过，稻草、稻子上脱下来的稻壳以及精碾时产生的米糠等，可不是垃圾哦。稻草可以撒在田里当肥料，还可以过年时做草绳饰品；米糠可以做米糠腌菜，可以榨油、当肥料，以前还可以当肥皂用。稻子浑身都是宝呢。

脱粒

这是稻谷晒干后，从稻穗上分离出稻米的工序。自古以来就有很多脱粒的方法，其中最简单的就是用手往下撸。其次是一种叫做"千齿梳脱粒"的方法，用一种大梳子一样的工具进行脱粒。

去壳

这是去掉稻壳、取出糙米的工序。把稻米放到一个大研钵里，用棒球之类的东西在里面滚来滚去，就可以去掉稻壳。如果稻米比较多，可以拜托有专业设备的农户用去壳机来操作。

精碾

这是从糙米中去除米糠和胚芽的一道工序。根据自己的喜好，按照米皮米胚的磨损程度不同，可以加工为标一米、标二米、胚芽米、精制米等。有一个比较原始的办法，就是把糙米放到一个大瓶子里，用一根木棍从上面慢慢地捣，就会把米和糠分开。还可以到附近的米店里请他们给加工成精制米。

用研钵和棒球去壳

用千齿梳脱壳

米糠 可以用来制作

食用油、做米糠腌菜。发酵后施到田里又是很好的肥料。

稻草的利用

脱壳后剩下的稻草，在过去可以用来做过年装饰用的工艺品、榻榻米的稻草芯、果园里铺的草席、草鞋等。不过最近一般是用收割机来割稻子，所以稻草很少被这样利用了。这是因为收割机在收割的同时就把稻草切割成 20~30 厘米的长度，然后撒在田地里了。

稻草马

草鞋

装饰用的稻草绳

用大瓶子捣米

稻草宝船

12 用一个水桶，可以种出一碗米！

要是没有足够大的地方做自制水田也没关系，只要日照充足，有一个能放下水桶或塑料花盆的空间，也可以种稻子哦。

如果已经有了自制小水田，在水桶或塑料花盆里种一块水稻试验田也是很方便的。

一个水桶里种两棵苗，大概就可以收获一碗大米。

按一天吃三顿大米计算，在 3×365 天＝1095 个水桶里各种 2 株苗的话，那么你就一年都可以吃到大米了。

需要准备的东西

水桶……直径 30 厘米、深 25 厘米左右的就可以。在水桶下面开一个排水用的孔，用橡皮塞塞上。

橡皮塞……找一个学校理科实验课上用的橡皮塞，用来塞住排水孔。

塑料花盆……下面有排水孔的塑料花盆。

土……田里或山里的土。没有的话也可以用红土或鹿沼园艺土。在容器里铺 20 厘米左右厚的土。

底肥

把一小勺合成肥料施加到山土等肥料比较少的土中。

把土铺平

加水后，将水和表层的土搅拌匀。

插秧……和自制水田以及一般的水田一样，按每株 2~3 棵苗的标准种 2 株。

直接播种……把种子直接撒在水桶或花盆里。稻种要选择饱满优质的稻米。

如果是直径 30 厘米的水桶，可以播种大约 50 颗，埋到土下 1 厘米左右深。一周左右就会发芽。幼芽出齐了以后要间苗，留 10~12 株长得比较好的，使每两株之间的间隔为 8 厘米左右。

把种子撒到 1 厘米深的土下

用稻粒直接播种

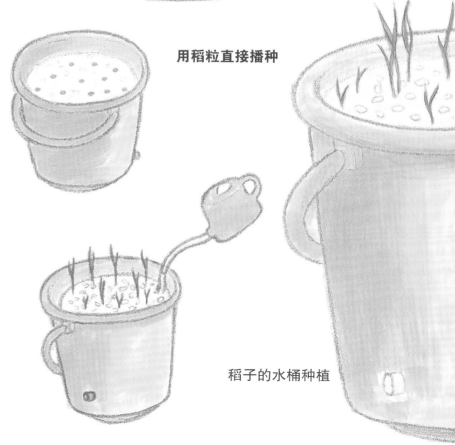

稻子的水桶种植

栽种了稻子的水桶及花盆等，要放在光照好、强风吹不到的地方。稻子长大时，遇到台风等强风来袭，连容器都会一起被吹倒。这种情况下应该在强风来临之前就把容器转移到风吹不到的地方。

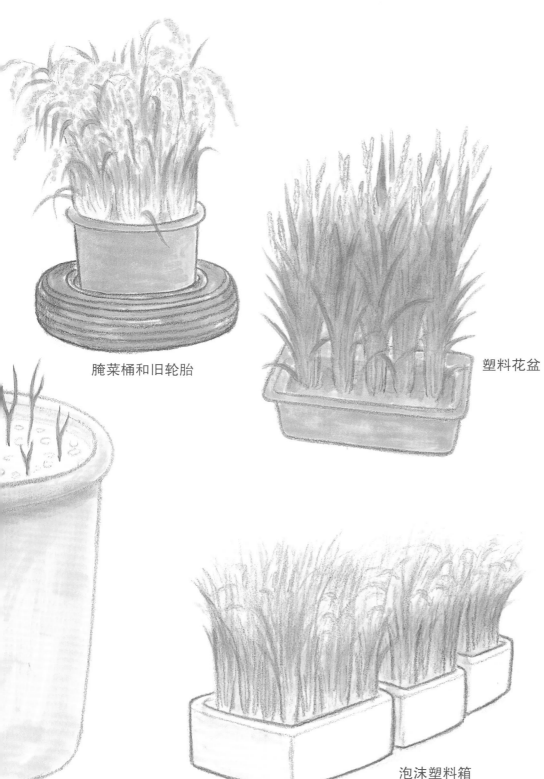

腌菜桶和旧轮胎

塑料花盆

泡沫塑料箱

浇水

每周要换一次水，拔掉水桶等容器下面的橡皮塞，把水放干，然后换进新水。因为是在水桶里栽培，所以不必晒田。叶子如果发黄，就稍微施点儿肥料。

种多少稻子才能足够大家享用呢？

1 株稻子大概可以出 20 棵稻穗，1 棵稻穗大概可以结 50~70 粒稻米，这样的话 1 株稻子就可以收 1000~1400 粒稻米。满满一碗米大概是 2500 粒左右。这样算的话种 2 株就够一个人吃满满一碗大米。按一个班 30 人计算，种 60 株稻子就够全班在秋季时都吃上一顿大米饭！具体到水田来讲，大概 3.3 米 ×3.3 米大的地方，按株间距 25 厘米 × 行间距 30 厘米栽种就行。

13 每天都要吃米饭，一定要煮得香！

你知道大米为什么要煮着吃吗？因为生吃的话非常不利于消化，把大米加水一起慢慢加热的话，大米中的淀粉颗粒会膨胀，这样一来吃的时候就容易消化了。

很久以前的人们没有像现在这么方便好用的电饭煲，所以就把大米和水放进用黏土烧制的容器里加热来煮饭。

煮出香喷喷的米饭

1. 把精米和少量的水放进锅里淘两三次，去掉米糠。

2. 将淘好的米在水里泡两小时左右，让大米充分吸收水分。

3. 用笊篱将米从水里捞出，控干水，把米放进厚底锅中，加适量水。新米的话，加水的量一般为米的 1.1~1.2 倍（季节不同，大米的干燥程度也不同，比如夏季空气相对湿润，所以也应根据米的干燥程度增减加水量）。

4. 一开始用小火，锅里冒热气后改用中火，注意不要让米汤溢出来。

5. 锅里不再有咕嘟咕嘟的声音时，用猛火煮一下（慢数三个数左右的时间），然后关火。

6. 盖好锅盖焖 20 分钟左右。

最开始用文火，然后增加火力，注意一定不要揭开锅盖！

以前是把大铁锅架在灶上，盖上厚厚的木头锅盖煮米饭的。把柴火放到锅下面，掌握着火候蒸 30 分钟左右，看到蒸汽冒出来以后把锅盖稍向一旁移一下，改用文火，尽量不要让蒸汽从锅里冒出来。米汤要是溢出来的话，煮出来的米饭就不香了。蒸汽不再往外冒的时候，就加大火力猛煮一会儿。饭煮熟了关火以后不要动锅盖，放置 20 分钟左右，这就叫做焖米饭。要是不焖一会儿就打开锅盖的话，米饭可就不好吃啦。所以，以前的人们总说一句话"就算孩子饿得哭，也不揭锅盖"。现在大家用的电饭煲，其实也是模仿这种做法的，只是整个过程是用电脑来控制的。

酿制**甜米酒**

■ **1.** 准备 200 毫升左右的米，淘过后在水里泡 1~2 个小时，等大米充分吸水后加 5 杯水煮成粥。

■ **2.** 把粥晾到 55℃后加入米酒曲搅拌一下。

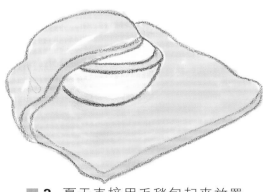

■ **3.** 夏天直接用毛毯包起来放置一个晚上让米粥发酵。冬天的话还要在毛毯里面加上热水袋，注意不要弄洒。

■ **4.** 第二天尝一尝，发甜的话就成功啦！

■ **5.** 将做好的米酒稀释为原来的两倍，想喝多少就倒出多少，然后加温到有热汽冒出，再加上一小撮盐和姜，就可以喝了。

五平年糕做做看！

■ **1.** 将煮好的米饭盛到研钵里粗略研磨一下、简单捣一捣。

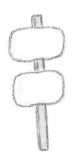

■ **2.** 将处理后的米饭串到扁平的竹签上，然后用烧烤网或电烤箱烤制。

■ **3.** 将味噌 50 克、砂糖 5 克和酱油半匙混合，边搅拌边加热，做成酱汁。根据个人口味还可以加入艾草、白芝麻等。

玄米茶做做看！

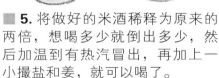

■ **1.** 把糙米放在平底锅上用文火炒至茶褐色。

■ **2.** 闻到香味时就关掉火，平摊在纸上晾凉。

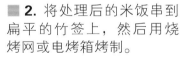

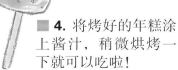

■ **4.** 将烤好的年糕涂上酱汁，稍微烘烤一下就可以吃啦！

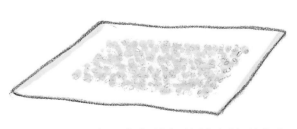

■ **3.** 取一大勺炒好的糙米放到茶壶里，加入开水泡开就可以喝了！

14 认真观察，有趣的实验

怎么样，大家小水田里的稻子长得好吗？

我们可不要只是简单地种植,利用这么难得的机会好好观察一下吧。

下面，让我们试着做下面这几个小实验，会很有意思哦。

就让我们当一回科学家，来提出各种假说吧。

让稻子早抽穗的魔术实验

用箱子把稻子罩起来，减少一天的照明时间会出现什么情况呢？

需要做的准备
足够罩住育稻容器的大箱子……
把箱子密封起来，防止进光。

1. 主茎长出 7~8 片叶子的时候，用准备好的箱子把植株和容器罩住。时间从下午 3 点左右到第 2 天早上上学时为止，一天的光照时间控制在大约 8 小时左右（这叫做短日照处理）。

2. 这样的话，就会比自然状态下的稻子早抽穗约 15 天左右(具体的方法请看卷末的解说)。

种植棵数不同，会有什么不同呢？

生长初期（6月）

种 2~3 棵

稀疏

种 8~10 棵

茂密

比较一下种 2~3 棵与 8~10 棵的不同吧

插秧时只种 2~3 棵与一下子种 8~10 棵，这两种情况在分蘖和收成上都会不一样。会有什么不同呢？让我们做个实验吧。

生长中期（7月）

叶子大，能长开

叶子细，长不开

观察分蘖

插秧后观察稻子就会发现，茎（分蘖）会逐渐增多。大约一周会长一片叶子，茎（分蘖）的数量也会相应增加。拔出一株稻子用水仔细清洗后，给它画一张素描吧，这样你就会明白茎（分蘖）是如何增加的啦。

收获时

稻穗大

稻穗小

利用碘反应来观察稻叶的淀粉含量

叶子利用太阳能进行光合作用产生淀粉（碳水化合物），然后输送给稻米，让米粒渐渐长大。稻子抽穗前，让我们利用碘反应来看看叶子的淀粉含量吧。一株 2~3 棵和一株 8~10 棵的稻子在染色上会有什么不同呢？有的农户在稻子抽穗之前用这种方法来判断应该施多少肥（氮肥）。淀粉含量高则施肥效果好，反之如果淀粉含量少而盲目施肥的话，稻子就容易生病或者发生倒伏。

① 取一片叶子，用木槌敲打叶柄或用手揉搓，让叶柄部分变软。

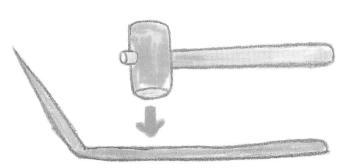

② 将叶柄放进稀释 10 倍的碘溶液中浸泡 5 分钟左右。

淀粉变为黑褐色

15 未来的大米是这个样子的

稻子是原产于热带的植物，而现在从温带到热带都在种植稻子，甚至连日本北海道这样寒冷的地方也能产出稻米。这是因为在这样的寒冷地区，人们积年累月，不断精心筛选出耐寒的稻子品种加以培育，使耐寒稻子得以自然生存下来。通过这种研究，不仅培育出耐寒的品种，还有高产品种、抗病品种等。

选择适合自己体质的大米

现在的大米，高产耐寒等特性基本都具备了，目前的品种改良研究主要是针对大米口感和大米所含营养成分的。比如适合因病不能过多摄入蛋白质的人吃的低蛋白大米、适合过敏体质的人吃的抗过敏大米、适合老年人及病人做粥用的黏性高的大米、适合做肉饭的黏性小的大米等等。不远的将来，研究出适合不同健康状况的、适应各种烹饪方法的大米已经不是个遥远的梦啦。

西班牙肉菜饭
是西班牙巴伦西亚地区有名的一道美食，用黏性不高的大米加入很多蔬菜及海产品烧制而成。

21世纪，大米的品种会越来越多，根据家里每个人的不同情况和多种烹饪方法，一个家庭里也许会有4~5个品种的大米。

寿司
日本的寿司饭团。寿司饭团一般不用黏性高的大米，而是用黏性比较低的大米。

五目寿司
搀入很多材料制成日本寿司。在日本不同
的地方有各自不同的做法及口味。

各种颜色的大米
在中国的壮族聚居区，祭
祀活动的时候往往用颜色
各异的大米烧制成花瓣米
饭，其中也用到红米。

陆稻及红米中的某些
品种，其根部会产生
特殊的物质，使周围
很难长其他杂草。人
们正在利用这种大米
与目前广泛栽种的大
米杂交，生产出不易
生杂草的稻子品种。

炒饭
适合用凉米饭及黏性不
高的大米制作。

鳗鱼盖饭
有防暑功效，因此自
古以来就很受欢迎。

咖喱饭
正宗的印度咖喱饭用的大米口感是干干
硬硬的，这和你平时吃的咖喱饭大不相
同吧。

巨大胚米（左侧 2 列，右侧为一般的大米）
胚芽（参照第 5 页）比一般的稻米大出
2~3 倍还多。人们对这种富含脂肪及维生
素的大米充满期待。

黏性高的大米及黏性低的大米
大米的黏性高低，是由大米中所含有的一种叫做直链淀
粉成分的多少决定的。现有的大米品种中，越光米是直
链淀粉成分含量比较低、黏性比较高的品种。还有低直
链淀粉大米，比越光米的直链淀粉成分还要低，黏性更大，
适合做日式薄脆饼等用米做的点心。黏黏的糯米的直链
淀粉含量为零。反之高直链淀粉的大米则黏性小，烹饪
后米粒一颗一颗很松散，不适合煮米饭，但是适合做肉饭、
炒米饭及西班牙肉菜饭等。

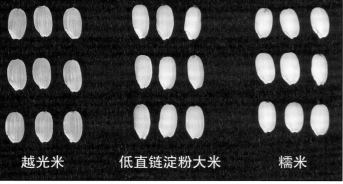

越光米　　　　低直链淀粉大米　　　　糯米

详解稻子

1. 稻子家族有这么多兄弟（第 2~3 页）

人们为了食用而栽培的稻子有萨提瓦（sativa）和格拉百利玛（glaberrima）两个种类。稻子有超过 2 万个品种，几乎都可以归到这两类。不过现在种植的稻子大多属于 sativa 种。大家每天都在吃的粳稻、印度稻米（籼稻）、爪哇稻米等都属于 sativa 种。印度米是那种到印度咖喱专门店及东南亚料理店会看到的细长、黏性低的大米。日本稻米与爪哇稻米有点儿像，所以也叫做热带的日本稻米。glaberrima 种种植于尼日利亚等非洲的部分地区，稻子结的少，产量低。

2. 世界上大概一半的人以大米为主食（第 4~5 页）

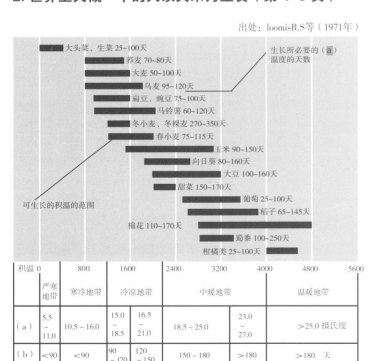

出处：loomisR.S等（1971年）

生长所必要的（a）温度的天数

可生长的积温的范围

积温	0	800	1600		2400	3200	4000	4800	5600
	严寒地带	寒冷地带	冷凉地带		中暖地带		温暖地带		
（a）	5.5~11.0	10.5~16.0	15.0~18.5	16.5~21.0	18.5~25.0	23.0~27.0	>25.0 摄氏度		
（b）	<90	<90	90~120	120~150	150~180	>180	>180 天		

（a）是指一年中气温达 10 摄氏度以上的第一天和最后一天这一期间的平均气温。
（b）是指气温超过 10 摄氏度以上的天数。积温是指（a）乘（b）的结果。记号 > 表示大于，< 表示小于。

图（1）主要作物所需要的温度的总量

每一种作物都有一个适合其生长的温度带，在各种作物中，稻子是喜欢温暖气候的作物。而中国南北方温差特别大。此外，既有平原又有山区，温度的变化也很大。因此，上图所列的作物基本上都可以在中国种植。

世界上有麦子、稻子、玉米三大粮食作物。麦子与稻子正相反，喜欢干燥寒冷的气候，因此欧洲自古就食用麦子。把麦子和稻子做一下比较，从种植的面积来看，麦子要稍多于稻子，但是从相同面积的产量来说，稻子的产量高。根据植物各自不同的性质，麦子主要种植在欧洲等干燥寒冷的地方，稻子主要种植在以亚洲为中心的炎热多雨的地方，而玉米则是中南美洲地区的主食，同时也多用于家畜的饲料。

3. 稻子为什么要种在水田里呢？（第 6~7 页）

在水田里种植的水稻，可以利用河水把一些必要的营养成分运到水田里，这样一来就可以少施肥。另外还有一个优点就是可以避免连作的不良影响。

比方说在旱田里种植的麦子，种一次后最好能让土地休息几年，在同一块地里每年都种的话产量就会降低。

稻子要是施肥过多的话容易倒伏，还容易招虫子。虽然经过品种改良培养出了不易倒伏的稻子，但是抗病虫害方面还有很多问题没有解决。

种稻子基本上不需要肥料，但是为了多产大米，日本在江户时代到了春季，把冬季种植的紫云英、油菜花等施

图（2）品种改良并非一两天就可以完成的事情

如上图所示，将以前的品种反复杂交才得到越光米及其姊妹品种。

到水田里当作肥料。为了收获更多的大米，明治时代开始用鱼粉及豆渣等做肥料。另外，由于品种改良的成功，现在日本的大米产量是大正时期的 2 倍左右。因此现在日本国内完全可以实现大米的自给自足。（参照图 3）

4. 稻子的花期很短，稍不留神就错过了（第 8~9 页）

气温高的时候，稻子花大约在上午 9 点左右开始开花，开花时间集中在短短的 3 个小时左右。不过气温要是低到 20 摄氏度左右的话，则在中午 12 点左右开始开花，一直开到傍晚。下雨或刮风天稻子不会开花，也不会有花粉飞扬，但是雨过天晴后，稻子花会和杉树花粉一样，一下子绽放，花粉飞扬，接触到稻穗手都会变黄。

5. 尝试着自己制作一块小水田吧（第 10~11 页）

自制小水田里用的塑料垫，可以用工程用的蓝色塑料布，大大的，用起来方便。农协也许有这种塑料布，可以去问一问哦。浇水时要注意浇均匀，如果总有固定的稻子

先接触到凉水，稻子就容易生病。

7. 终于可以插秧了！（第 14~15 页）
试着育苗

勾兑出比重为 1.13 的盐水（放一个生鸡蛋进去差不多能浮起来的浓盐水），放入稻种搅拌。沉在盐水底下的就是饱满、实成的稻种，把这些稻种取出来用水仔细清洗。要注意的是，稻种的表面都长着毛，如果不好好搅拌的话就都浮在水面上了。

当稻种要出稻芽的地方膨胀得像鸡胸脯一样的时候，就可以把泡在水里的稻种移种到苗床了。根据水温不同，要出稻芽的地方变得膨胀需要的天数也不一样，所以要不时地捞出稻种看一看。

自制水田如何浇水

农民伯伯的水田下面是坚硬的岩石层，水可以一点点渗下去。水渗透的时候，空气和养分也一起被输送到稻子

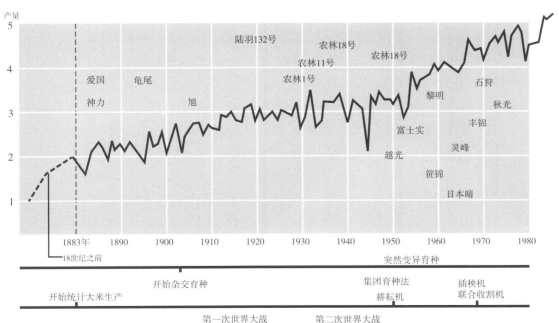

图（3）水稻的品种开发成果斐然

将日本 1880 年左右的水稻产量与现在的做一下对比就可以发现，单位面积的产量已经从近 200 千克增长到了 500 千克。这是品种改良与栽培方法改良的成果。可以说，日本是世界上产大米最多的国家之一，这可离不开科学家不断地研究与农民的辛勤耕种啊。

出处：丸山清明（1992 年）

的根部。可是种植箱的下面铺的是塑料布，不会漏水，但是也不透气。氧气通过茎部输送到稻子的根部，而土壤中的氧气不足时，稻子的根就长不好，严重时会烂根，影响整体的生长。因此，为了让根呼吸，要每天都浇水。这样，空气也可以一起进入到根部。

插秧

日本北陆地区及北海道等地区插秧的时间比较早。自北逐渐南移，到九州时一般是 6 月插秧。品种及栽培的方法不同，插秧的时间也有差别。

我们可以做一个实验，比较一下株间距的大小对于稻

出处：日本地图中心（1977年）

图（4）看一看生产大米的水田的分布吧

地图上所示的是日本主要的水田地带。比较成规模的水田地带一般位于平坦的、可以从河流引水的土地上。我们可以把这幅地图和日本地形图比较着来看。不过近年来由于日本政府施行"减反政策"（即要求减少大米种植面积的政策），另外还有很多这张地图上没反映出来的、不宜水稻种植的山区水田的弃耕，日本的水田面积正在不断减少。

苗的长势会有什么影响、一株种 2~3 棵稻苗与一株种 8~10 棵稻苗又会有什么不同。分别贴上不同的标签就更容易区分（一株只种一棵苗的话就容易长杂草。插秧时插得深的话分蘖数会减少，稻米的产量会下降）。

8. 小看麻雀会绝收！（第 16~17 页）

水田里放养鲤鱼或是稻鸭，让它们吃杂草，这在某种程度上可以起到除草剂的作用。但是杂草如果太茂盛的话，这一招就不太管用了。

9. 气温 19 摄氏度，稻子的危险信号（第 18~19 页）

小稻穗长到高 5 厘米左右时，如果气温下降，就要往水田里加 5 厘米以上深的水。之所以这样做，是因为温度在水中传播的速度比在空气中慢，水里面比较暖和。

10. 稻田金灿灿的时候，就该收割啦！（第 20~21 页）

收下来的稻子如何晒，这在日本海沿岸与太平洋沿岸是不同的。这是因为日本海沿岸是从西伯利亚吹来的潮湿凉爽的风，晒稻子的木头如果太矮的话就不容易晒干。而同样的风越过日本的中央山脉到达太平洋沿岸时，就变得干燥了，因此在太平洋沿岸晒稻子的木头不需要很高，这真是农民伯伯多年智慧的结晶呀。

稻米有很多种类：

糙米……仅仅去除稻壳的稻米。

半糙米……去除 50% 左右糙米糠的米。

七分米……去除 70% 左右糙米糠的米。

胚芽米……去除全部米糠、仅保留胚芽部分的米。

精米……米糠、胚芽全都去掉的米。一般在街上卖的米就是这样的。

11. 脱粒、去壳、精碾（第 22~23 页）

脱粒的方法从脚踏式脱谷机、电动脱谷机发展开来，现在用的是联合收割机，可以在田地里一边收割一边脱粒。

现在很少对收割下来的稻草进行利用，用联合收割机收割时一般就直接把稻草撒到稻田里了。但是在以前，稻

草可是宝贝，除了可以当堆肥的材料，还可以做绳子、草席等农业物资，或是用作草鞋等生活物资的材料。甚至有的人为了得到好的稻草而专门选种稻茎长而结实的稻子。

碾米产生的米糠也是重要的资源。米糠里的胚芽饱含维生素、矿物质、脂肪等，如果用米糠来腌东西的话，会促进有用微生物的产生，腌出的咸菜就充分吸收了米糠的营养，很好吃。现在农民流行做一种叫做"模糊肥"的发酵肥料，要想做出好的模糊肥，米糠是不可或缺的。

12. 用一个水桶，可以种出一碗米！（第24~25页）

可以请大人帮忙用锥子或手摇钻在水桶上开一个排水用的孔。也可以不开排水孔，通过倾斜水桶来调节水量，注意不要把土洒出来。

单产的计算方法

农民计算稻子的产量是用单产（每10亩糙米的产量）来表示的。要知道单产，一般用的办法是通过收割1平方米左右的稻子来计算。大家也用这个办法来算算单产吧。

1株稻子的稻穗数量的平均数 ×1平方米的株数

这样就可以得出每平方米的稻穗的数量。将这个数字套用到下面的公式……

1穗稻子所含稻粒的平均数 × 实际能够结稻米的稻粒的比例（结实率）× 每粒糙米的重量（可以称1000粒米的重量然后除以1000取平均数）

这样就可以知道1平方米的产量，所以1平方米的产量再乘上1000就可以得到单产数（克），再除以1000就是千克数。

举例如下：
20根（1株的稻穗数）×22株（株数）×60粒（1穗的稻粒数）×0.85（结实率）×（23克÷1000）（1粒稻谷的重量）×1000平方米 =516120克 =516.12千克

13. 每天都要吃米饭，一定要煮得香！（第26~27页）

电饭煲出现之前，煮饭可是一个很辛苦的工作。直到最近好多人仍然认为，绝对是用土灶台煮出的米饭更香。而现在，用电饭煲做出来的米饭也很好吃了，不亚于土灶台。

14. 认真观察，有趣的实验（第28~29页）

稻子自然抽穗的日子叫做自然出穗日，从自然出穗日开始计算，提前下表（B）的天数盖上箱子（短日照处理）的话，则会比一般的稻子早抽穗（A）的天数。自然出穗日因地区及品种的不同而不同。这一点你可以咨询一下你的居住地的农业改良普及中心。

（A）	11 天	21 天	31 天	41 天
（B）	40 天	49 天	57 天	67 天

（A）提前抽穗的天数

（B）从自然出穗日开始往前推算的开始短日照处理的天数。如想要提前11天抽穗时，则在抽穗日的40天以前开始短日照处理即可。

15. 未来的大米是这个样子的（第30~31页）

最初人们想要培育出产量高、口感好、长高了也不易倒伏、抗病又耐寒的品种，但是，口感好的品种长高了后容易倒伏，长得矮产量高的品种又不太好吃。要想培育出符合人们全部愿望的大米实在是太难了。

现在，除了进行提高产量及口感的品种改良之外，人们还在开发具有新的性质的品种（新形质米）。其中，通过强化大米中益于健康的成分而得到的新品种已开发成功。巨大胚米的胚芽很大，将近一般品种的3倍，其中含有很多脂肪及维生素类物质。患肾病的人适合吃低蛋白质大米，蛋白质有很多种类，只要去除其中的一种，就可以开发出利于病情恢复的品种。另外，在大米中还找到了利于降血压的成分。

此前的品种改良是利用杂交获得种子，因此稻子一年最多只能实现两次换代。要想获取某种性质，要花10年左右的时间。而现在，利用最新的生物科技，可以大大缩短育种的时间。

后记

　　大米，是我们每天的主食，是有着悠久历史的绝佳食物。稻子起源于南方，但是经过我们祖先几代人的不断努力进行品种改良，现在即便是在日本北海道这样低温的地方也能够栽培了，称得上是一个历史遗产。

　　在大片的水田里种稻子，比起其他农作物的耕种来讲更需要艰苦的劳动，而现在，耕田可以用拖拉机，插秧可以用插秧机，收割也可以用联合收割机了。但是另一个方面，为了杀害虫、去病害、除杂草等，农药用得多起来，其结果导致以前生活在水田里的许多昆虫、小动物等很难再呆下去。我们真希望能够改善水田环境，让小鱼啦萤火虫啦再回来。

　　全球范围内，日本人的平均寿命是最长的，世界各国都认为这要归功于以米饭为主的日本料理，因为大米营养均衡，有益于健康。

　　目前正在进行调整大米营养成分方面的品种改良。研发口感好的大米很重要，而将来，对大米成分进行改良的研究势必会越来越重要。

山本隆一

图书在版编目（CIP）数据

　　画说稻子 /（日）山本隆一编文；（日）本国子绘画；中央编译翻译服务有限公司译. —— 北京：中国农业出版社, 2017.9
　　（我的小小农场）
　　ISBN 978-7-109-22732-3

　　Ⅰ.①画… Ⅱ.①山… ②本… ③中… Ⅲ.①水稻 – 少儿读物 Ⅳ.①S511-49

　　中国版本图书馆CIP数据核字(2017)第035522号

■写真をご提供いただいた方々
9P　花から実まで　星川清親（元東北大学）
18P　穂イモチ病　内藤秀樹（農業研究センター）
　　　葉イモチ病　内藤秀樹（農業研究センター）
　　　シラハガレ病　大畑貫一（元農業研究センター）
　　　ばか苗病　大畑貫一（元農業研究センター）
　　　トビイロウンカ　平井一男（農業研究センター）
　　　ヒメトビウンカ　平井一男（農業研究センター）
　　　ニカメイチュウ　湖山利篤（元農事試験場）
31P　色つき米、巨大胚米など　長峰　司（農業生物資源研究所）
■撮影
2~3P　イネ品種　小倉隆人（写真家）
■イラスト資料提供
川口由一（自然農法家）
■引用文献
15P　育苗パット　「学校園の栽培便利帳」（日本農業教育学会編　農文協）
32P 図（1）、35P 図（4）「ライフサイエンス——現状と展望シリーズ」（科学技術庁編）
33P（3）「日本の稲育種」（農業技術協会）

山本隆一

1936 年生于日本京都府。日本京都大学农学部毕业后，就职于农林水产省中国农业试验基地，从事稻子研究。曾于英国植物育种研究所从事作物育种生理研究。历经农业技术研究所、农林水产技术会、北海道农业试验基地、东北农业试验基地等工作，现供职于农业研究中心。农学博士。主要著作有《日本的稻子育种（合著）》(1992 农业技术协会)、《水稻育种手册（编著、合著）》(1996 养贤堂）、《低温冷害与水稻种植（合著）》(1977 农林统计协会)、《昭和农业技术发展史（合著）》(1993 农文协)、《新型大米的培育（录像资料）》(1993 农业研究中心)，在水稻新品种研发领域，主要培育出的新品种有峰丰（水稻纹枯病抗病性）、富士光（反季节早熟）、星丰（超高产）等。

本久仁子

1953 年生于日本福冈县大牟田市，毕业于日本著名插画大师长泽节创办的节风格艺术学校。1984 年获得日本福冈县广告协会海报部门银奖。著书有散文集《彩色粉笔画——我的性格》（讲谈社）、绘本《纽约　圣诞恰似电影 系列》（八曜社），作品集有《月亮的新娘》（行政出版公司）、插画明信片绘本《Window——我窗外的风景（合著）》（福禄贝尔馆）等。

我的小小农场 ● 3

画说稻子

编　　文：【日】山本隆一
绘　　画：【日】本久仁子

Sodatete Asobo Dai 2-shu 6 Ine no Ehon
Copyright© 1998 by T.Yamamoto,K.Moto,J.Kuriyama
Chinese translation rights in simplified characters arranged with Nosan Gyoson Bunka Kyokai, Tokyo through Japan UNI Agency, Inc., Tokyo
All right reserved.
本书中文版由山本隆一、本久仁子、栗山淳和日本社团法人农山渔村文化协会授权中国农业出版社独家出版发行。本书内容的任何部分，事先未经出版者书面许可，不得以任何方式或手段复制或刊载。
北京市版权局著作权合同登记号：图字01-2016-5596 号

责任编辑：刘彦博
翻　　译：中央编译翻译服务有限公司
译　　审：张安明
设计制作：北京明德时代文化发展有限公司
出　　版：中国农业出版社
　　　　　（北京市朝阳区麦子店街18号楼 邮政编码：100125　美少分社电话：010-59194987）
发　　行：中国农业出版社
印　　刷：北京华联印刷有限公司
开　　本：889mm×1194mm 1/16
印　　张：2.75
字　　数：100千字
版　　次：2017年9月第1版　2017年9月北京第1次印刷
定　　价：35.80元